PROJET DE RÉORGANISATION

DU

SERVICE SANITAIRE VÉTÉRINAIRE

DANS LE

DÉPARTEMENT D'ALGER

PAR

Raymond ISMERT

MUSTAPHA

IMPRIMERIE ALGÉRIENNE, RUE BLANDAN

1903

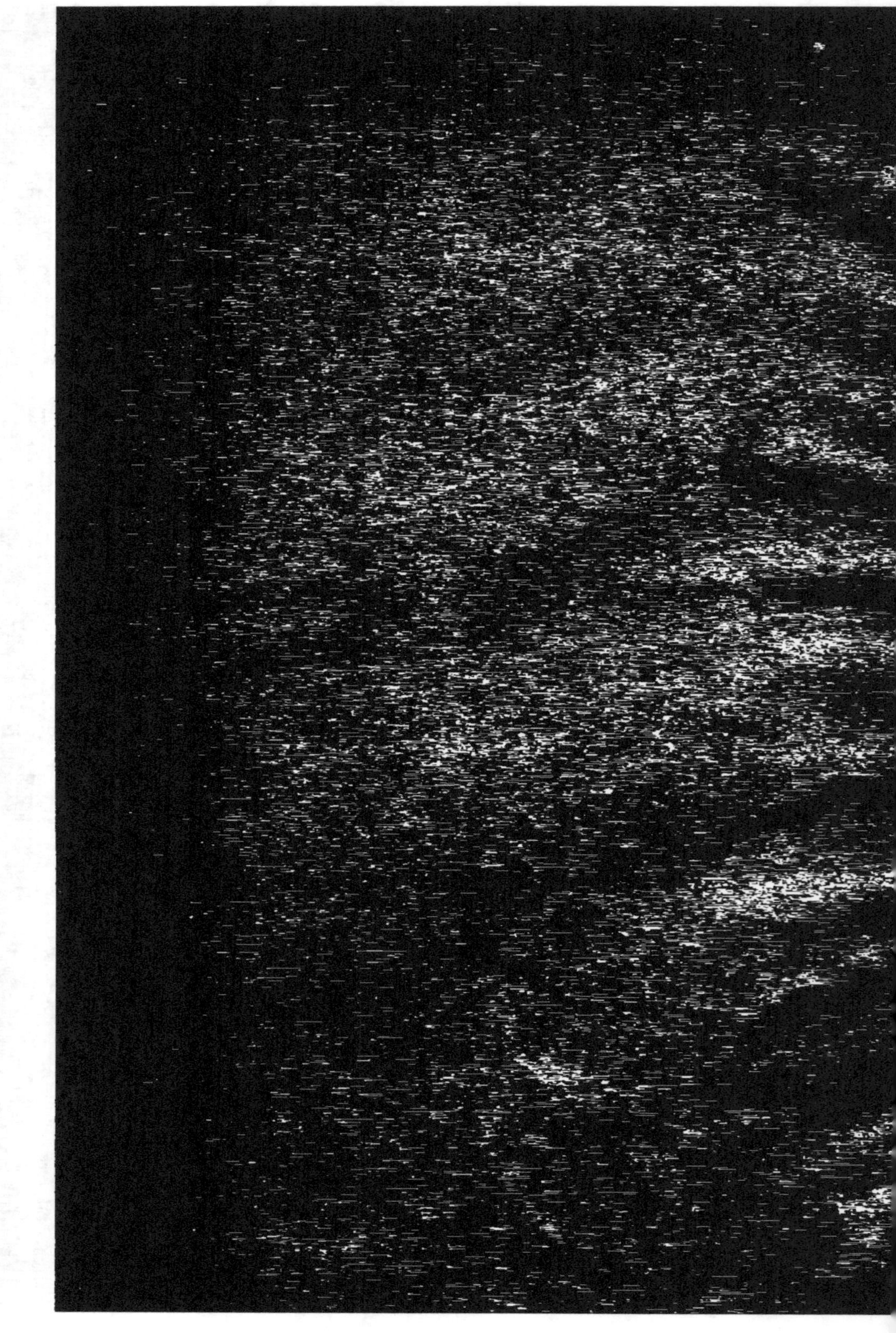

PROJET DE RÉORGANISATION

DU

SERVICE SANITAIRE VÉTÉRINAIRE

DANS LE

DÉPARTEMENT D'ALGER

PROJET

DE RÉORGANISATION DU SERVICE SANITAIRE VÉTÉRINAIRE

DANS LE DÉPARTEMENT D'ALGER

Introduction
Historique - Mission en Allemagne

La question de la réorganisation du service sanitaire n'est pas nouvelle. Elle a fait l'objet de différents Congrès tenus en France et à l'Étranger, depuis plus de quinze ans. Les progrès réalisés dans la voie de la prophylaxie des maladies contagieuses par le perfectionnement du service de surveillance sanitaire sont, à l'heure actuelle, à peu près nuls. Ce n'est pas qu'en France les lois manquent ; mais celles ayant trait à la police sanitaire ne semblent faites pour ne pas être appliquées.

La richesse nationale n'est-elle pas en raison directe de la bonne santé du bétail, du cheptel de la nation ? J'ai donc l'intention, en m'aidant des documents recueillis dans les divers congrès, de soumettre à l'appréciation du Conseil Général quelques opinions personnelles. Elles me sont simplement dictées par le vif désir de me rendre utile à mon pays ; et j'estime qu'il n'est pas besoin d'attendre que la Métropole nous trace la voie pour faire mieux et enrichir notre Colonie. Car, disons-le, toutes les lois sanitaires ne sont pas applicables à l'Algérie ; celles par exemple qui indemnisent les propriétaires d'animaux atteints de certaines maladies contagieuses. Le colon n'est pas indemnisé ; le Gouvernement a donc le devoir de le préserver des maladies contagieuses dont son bétail peut être atteint, par l'application des lois sanitaires.

L'Algérie est décimée par les maladies contagieuses. On nous importe la fièvre aphteuse. Elle sévit continuellement, pourrait-on dire, dans nos trois départements. Elle y fait des ravages énormes. Constamment les municipalités prennent des mesures sévères contre la rage, et toujours l'hydrophobie fait des victimes. Il suffit de considérer le nombre des personnes soignées à l'Institut Pasteur.

En cette dernière année la morve a frappé souvent, elle a frappé fort, les statistiques nous l'apprennent. Nous n'avons pourtant que les chiffres officiels.

Le département d'Alger a été le plus violemment atteint par l'affection farcino-morveuse. Comment enrayer la marche ascendante de ces épizooties qui ruinent l'élevage ?

La solution du problème, si difficile qu'elle apparaisse, peut être obtenue dans une certaine mesure. Je pense que l'on peut s'armer mieux pour lutter contre la contagion sans cesse grandissante.

Moyens de lutter contre la contagion
Documents

La médecine humaine s'est effrayée des progrès croissants de la tuberculose ; la question est devenue grave pour l'humanité. Elle va être portée devant le Parlement pour être solutionnée. On ne diminuera la mortalité par la tuberculose qu'en supprimant les foyers où elle se dissimule.

En médecine vétérinaire, les lacunes que présente le service sanitaire actuel en Algérie m'ont frappé et j'ai pensé devoir soumettre au Conseil Général mes idées personnelles à cet égard, en puisant largement dans les travaux des sommités du monde vétérinaire.

Si le devoir du médecin est de lutter contre les maladies contagieuses transmissibles d'homme à homme, les vétérinaires, missionnaires du progrès agricole, doivent, eux, empêcher la propagation des maladies épidémiques d'animal à animal et d'animal à homme. Comment atteindre un but aussi utile ? Tout complexe qu'il paraisse, on peut y parvenir. Et d'abord résumons les tentatives qui ont été faites dans ce sens.

Il y a quinze ans, la Société de médecine vétérinaire pratique avait provoqué la réunion d'un Congrès exclusivement sanitaire. Il avait pour but d'étudier l'organisation du service, prévue par la loi du 21 juillet 1881. Ce Congrès a été unanime à reconnaître que si cette loi avait été habilement conçue, elle laissait, par contre, beaucoup à désirer au *point de vue de l'application pratique* des mesures prescrites par elle. Il a attribué, avec raison, cette lacune à un manque absolu de direction et par suite à l'organisation disparate du service sanitaire dans les départements de la Métropole. Il s'est efforcé de parer à ce grave inconvénient en indiquant les moyens de le faire disparaître, au grand avantage de la prophylaxie des maladies contagieuses. Ces moyens ont été présentés sous la forme de vœux fortement motivés. Il n'en a été tenu aucun compte. Aujourd'hui, comme en 1885, les vieux errements continuent de plus belle. Depuis 1885, le Grand Conseil n'a pas cessé un seul instant d'émettre des vœux analogues et sans succès. Le Congrès national de 1897 a de nouveau examiné la question sous toutes ses faces et a conclu dans le même sens. Malgré tout, le *statu quo* a prévalu. Les Congrès internationaux de Bruxelles en 1882, de Paris en 1889, de Berne en 1895 et de Bade en 1899 ont été unanimes à formuler des vœux en faveur d'une direction technique du service sanitaire et de son organisation uniforme. Mais personne n'en a cure. Le Gouvernement français a cependant envoyé des délégués officiels à tous ces Congrès. Ceux-ci dans leurs rapports ont fait remarquer au ministre compétent l'*état d'infériorité* dans lequel se trouvait notre pays vis-à-vis des autres nations, en ce qui concerne l'organisation sanitaire. J'ai moi-même signalé cet état d'infériorité au Gouvernement Général de l'Algérie, à mon retour de mission en Allemagne en 1899.

En août 1899, M. le Ministre de l'Agriculture invitait MM. les Préfets à demander aux Conseils généraux de mettre à leur disposition le crédit nécessaire pour permettre au vétérinaire délégué de s'occuper exclusivement des affaires sanitaires de son département.

Le moment est venu de formuler des vœux en faveur d'un remaniement sérieux du service sanitaire dans un de ces principaux rouages, et il nous est permis de devancer la Métropole dans cette réorganisation. Aux jeunes, il appartient surtout d'innover. Les colonies ont le droit de sauvegarder leur élevage en appliquant des mesures sanitaires sévères. Elles ne sont pas obligées de suivre la Métropole et d'attendre ses décisions.

Elles ont le devoir de faire bien, de faire mieux pour contribuer largement à la fortune nationale. On est étonné d'apprendre, par exemple, que la loi de 1884 sur les vices rédhibitoires n'est pas applicable à l'Algérie ni celle du Code rural 1898. Il serait donc désirable que le Service algérien fût remanié.

Service sanitaire vétérinaire actuel — Ses inconvénients — Notre projet

Actuellement, il existe un chef de Service sanitaire. Il veille à la bonne gestion des affaires confiées aux vétérinaires délégués de nos trois départements et à leurs subordonnés les vétérinaires sanitaires ou de circonscription. Il appartient au Gouvernement Général de l'Algérie : j'ai nommé M. Bauguil.

Examinons maintenant quelle serait l'organisation nouvelle du service sanitaire départemental.

Il comprendrait :

1° Des vétérinaires délégués et un adjoint si le Département l'exigeait pour les besoins du Service ;

2° Tous les vétérinaires seraient admis dans le Service sanitaire et n'auraient pas de circonscription.

Les fonctions du vétérinaire délégué sont actuellement bien définies. On devrait pourtant augmenter le traitement du titulaire et lui interdire la clientèle.

Les avantages de cette interdiction s'entendent sans commentaires. Le vétérinaire fonctionnaire ne sera jamais assis entre deux selles ; il saura faire appliquer les mesures sévères de la loi sanitaire, sans avoir la crainte de perdre sa clientèle. Les *vétérinaires délégués d'Oran et de Constantine ne font pas de clientèle*. Le vétérinaire délégué adjoint ne devrait recevoir que ses frais de déplacement : il aurait l'autorisation de faire de la clientèle. Le rôle du vétérinaire délégué est multiple. Il a de nombreux devoirs et sa tâche est lourde ; pour être bien-remplie elle exige beaucoup d'activité. Ces raisons plaident en faveur de l'interdiction de la clientèle. Le Conseil général alléguera, sans doute, la question d'économie pour maintenir le *statu quo ;* mais pourquoi ne pas faire dépendre du Gouvernement Général le vétérinaire départemental, comme M. Bauguil, chef technique des services sanitaires en dépend, je crois ? Ainsi, la raison d'économie plaide pour le renversement du *statu quo*. Et si le Gouvernement Général a la ferme intention de défendre notre cheptel contre les maladies contagieuses, s'il veut résolument, pour arriver à ce but, organiser un service sanitaire départemental ayant comme chef un vétérinaire délégué, astreint à se consacrer entièrement à ces fonctions, afin d'exercer un contrôle permanent sur les opérations de son service, pouvant se déplacer pour vérifier par lui-même que les prescriptions de la loi sont toujours rigoureusement observées, et enfin profiter de ses tournées pour visiter les foires et marchés, les abattoirs ainsi que les clos d'équarrissage, il faut que le vétérinaire délégué fasse des conférences. Il convient alors que le Gouvernement renonce

à l'idée de faire payer aux départements les appointe-
ments de ce fonctionnaire.

Nous ajouterons même, qu'en imposant au Gouvernement le traitement demandé du vétérinaire délégué
spécialement attaché à sa faction, on diminuerait dans
de larges proportions le budget spécial.

Ce projet n'est pas nouveau. Il avait été soumis en
1894, au Grand Conseil de Paris, par M. Tisserand,
directeur honoraire de l'Agriculture. Il a rencontré
l'approbation unanime des délégués des Sociétés vétérinaires. Il consiste à faire du vétérinaire délégué
un fonctionnaire nommé et appointé par le Gouvernement, ne recevant du Département que ses frais de
déplacement.

M. le sénateur Darbot a soutenu la même thèse dans
l'exposé des motifs qui précède la proposition de loi
qu'il a déposée devant le Sénat le 2 mars 1900 (cette
proposition de loi a pour but de compléter la loi du
21 juillet 1881, en ce qui concerne l'indemnité et l'organisation du service sanitaire).

Dans quelques départements le vétérinaire cumule
plusieurs fonctions. Quand elles absorbent toute
l'activité du praticien, il ne peut se livrer à l'exercice de
la clientèle. Il faut que cet état de choses absolument
transitoire prenne fin. Ce ne sera que lorsque le vétérinaire départemental deviendra fonctionnaire de l'Etat.

Pour résumer ma pensée et exprimer le vœu du
dernier Congrès National, nous demanderons : « Que
le vétérinaire délégué soit nommé et rétribué par
le Gouvernement Général, ses frais de déplacement
restant à la charge du budget départemental. Que
la clientèle lui soit interdite ».

Avantages de notre projet au point de vue économique

Dans les départements importants il peut exister
un vétérinaire délégué adjoint, non rétribué, choisi

parmi l'un des vétérinaires d'une grande ville, offrant de grandes garanties d'honorabilité. Il ne recevrait pendant ces fonctions intérimaires que les frais de déplacement.

Discussion

Et j'en arrive à la question la plus épineuse : celle des vétérinaires sanitaires.

1° Tous les vétérinaires doivent-ils être sanitaires dans leur clientèle ?

2° Le système des circonscriptions sanitaires peut-il enrayer et faire disparaître les maladies contagieuses ?

Je réponds catégoriquement non à cette seconde question. Beaucoup des vétérinaires délégués sont pour les circonscriptions sanitaires ; mais soixante-deux vétérinaires départementaux se sont prononcés, en 1900, pour l'admission de tous les vétérinaires dans les fonctions sanitaires.

Les arguments invoqués pour ou contre le système des circonscriptions méritent d'être résumés pour édifier le Conseil Général et lui permettre de se prononcer en toute connaissance de cause.

Le système des circonscriptions favorise les déclarations et évite les désaccords entre confrères !!!... Réponse : *Il permet surtout au vétérinaire sanitaire de commettre des abus de pouvoir, de se servir de son titre pour en imposer aux clients et ainsi s'introduire dans la clientèle du vétérinaire traitant.* Et il n'est pas admissible qu'*un vétérinaire voisin vienne s'imposer,* parce que sanitaire, dans la clientèle d'un confrère. Il en résulte des froissements, des clients sont enlevés. Et le vétérinaire traitant est dans cette alternative embarrassante : ou faire la déclaration, mais alors le vétérinaire sanitaire intervient et se substitue à son confrère ; ou ne pas faire la déclaration, dans ce cas

la maladie est dissimulée et sournoisement se répand,
se propage, sème la ruine.

J'estime et j'insiste sur ce point : *chacun doit être
vétérinaire sanitaire dans sa clientèle, de manière que
les droits compensent les devoirs*. Le vétérinaire qui est
agent sanitaire dans sa clientèle a le *devoir de déclarer
toutes les maladies contagieuses*, parce que, seul, il a
le droit de les constater chez son client. Ayant des
devoirs, s'il y fait défaut, *sa responsabilité est engagée*.
Ainsi, nous ne verrons plus les vétérinaires sanitaires
pas assez rétribués, *imposer* des malléinations laissant
croire aux clients qu'eux seuls ont le droit de pratiquer
cette opération qui n'est qu'un moyen de diagnostic
expérimental, et ainsi se substituer fort indélicatement,
du reste, à leurs confrères, et se faire payer grasse-
ment parce qu'ils ne négligeront pas de se faire accom-
pagner par un garde-champêtre ou un agent de police.
Le vétérinaire sanitaire escorté de la sorte, passe aux
yeux du client pour un vétérinaire supérieur, auquel
on se rend et que l'on doit craindre. L'Administration
de tous les vétérinaires dans le service sanitaire ferait
disparaître toutes les jalousies, éteindrait toutes les
rivalités. Elle favoriserait les déclarations.

Les vétérinaires qui sont partisans des circonscriptions s'appuient sur des considérations purement admi-
nistratives. Elles sont commodes au point de vue de
la statistique ; les maires savent à qui s'adresser quand
survient une déclaration.

Le vétérinaire traitant, sanitaire dans sa clientèle, ne
craindra plus de faire la déclaration, ni d'imposer des
mesures de désinfection sévères. Il indiquera aux auto-
rités les mesures sanitaires à appliquer. Il constatera
la disparition des maladies, de même que l'exécution
des mesures sanitaires et donnera des conseils à ses
clients. Tout ce qui est relatif à la question de police
doit incomber à l'autorité et aux vétérinaires fonctionnaires qui, eux, doivent faire des visites de surveillance
pour s'assurer de l'exécution de la loi.

Le service sanitaire étendu à tous les vétérinaires est le seul moyen qui permette de découvrir des foyers insoupçonnés de maladies contagieuses. Il existe dans un de nos départements de France (Nord), et dans ce département, avant la réorganisation du service, la rage passait inaperçue. En 1898, plus de cent cas sont constatés contre trente en 1897. Sans forcer les analogies, on peut appliquer aux autres maladies les faits concernant la rage. Notre département d'Alger a été dévasté par les maladies contagieuses ; constamment, la morve y exerce ses ravages et d'une façon plus désolante que dans nos deux départements voisins.

Pour obtenir de l'organisation sanitaire étendue à tous les vétérinaires de précieux avantages, les vétérinaires doivent se rappeler qu'ils sont des agents techniques chargés d'éclairer l'Administration ; ils ne doivent, en aucun cas, substituer leurs attributions à celle des agents de l'autorité. Le rôle de vétérinaire dépourvu de toute action policière n'en est que plus grand. Les propriétaires, dans ces conditions, ne peuvent pas faire retomber sur leurs vétérinaires les mesures prohibitives dont ils sont l'objet.

Travaux des Congrès
Rôle du Vétérinaire sanitaire actuellement
Rôle effacé
et humiliant du Vétérinaire traitant

Nous nous sommes inspiré, dans ce travail, des travaux élaborés dans différents Congrès jusqu'à ce jour. Le dernier Congrès de 1900 a été particulièrement intéressant à propros, précisément, de la réorganisation du service sanitaire en France. Il ma paru utile d'essayer de faire appliquer en Algérie un régime sanitaire non appliqué encore dans la Métropole, mais qui n'en demeure pas moins un régime prophylactique excellent, susceptible d'amener à brève échéance la disparition des maladies contagieuses dans notre Colonie, pour sa plus grande richesse.

Les raisons invoquées par les partisans des circonscriptions tombent d'elles-mêmes lorsqu'on les met en parallèle avec celles qui militent en faveur de l'admission de tous les vétérinaires dans le service sanitaire. En effet les arguties ne peuvent prévaloir contre l'équité. Ne serait-ce pas enfreindre l'équité que de persister à vouloir diviser les vétérinaires en deux catégories, l'une renfermant les favoris de l'Administration, l'autre les parias de la profession ? Avec le système actuel, la tendance est manifeste, le vétérinaire sanitaire fait forcément des incursions dans la clientèle de son confrère.

Il n'est pas assez rétribué. Je le répète, il en impose par son titre et par l'apparat dont il s'entoure. Il peut menacer, intimider ; la loi sanitaire est une arme terrible dont il peut user avec modération envers les propriétaires qui lui accordent leur clientèle ; avec les récalcitrants, elle peut amener la ruine d'une exploitation. Il est ridicule, par exemple, d'avoir mis sous le contrôle du vétérinaire sanitaire les opérations de malléination. Eh quoi ! existerait-il deux diplômes ? Pourquoi un vétérinaire quelconque serait-il plus suspect qu'un vétérinaire sanitaire ? On pratiquera scientifiquement une malléination, et le vétérinaire de circonscription, à la façon d'un pion, viendra surveiller l'opérateur ? Cette surveillance est humiliante, elle blesse gravement l'amour-propre professionnel. Dans ce cas, le client n'est-il pas en droit de se demander si le premier n'est supérieur au second et s'il n'aurait pas lui-même intérêt à abandonner celui-ci pour celui-là qui a l'oreille de l'Administration, pour le vétérinaire officiel.

Avec les circonscriptions on permet à la politique de s'immiscer dans les questions sanitaires d'où elle devrait être impitoyablement bannie. La politique quelquefois, favorise les audacieux, les intrigants, parfois les non-valeurs ou les fruits secs au détriment des timides et des modestes. Si, encore, à l'heure actuelle, les places de vétérinaires fonctionnaires étaient mises au concours, si l'on exigeait des concurrents un passé parfait d'honorabilité ! La loi du 30 novembre 1892 n'a pas divisé les médecins en deux catégories ; l'article 15 de cette loi est ainsi conçu :

« Tout docteur, officier de santé, sage-femme, est tenu de faire à l'autorité publique, son diagnostic établi, la déclaration des cas de maladies épidémiques tombées sous son observation et énoncées dans la loi ».

Pourquoi les vétérinaires seraient-ils traités autrement que les médecins ?

Réformes à apporter — Conclusion

Quel est le but de la Police sanitaire ? Connaître les foyers contagieux, les dénoncer au plus tôt, indiquer les mesures à prendre pour les éteindre.

Comment arriver à ce résultat ? En exigeant de tout vétérinaire la déclaration et en ne permettant pas l'intrusion d'un collègue, peut-être intéressé, souvent un concurrent, chez les clients d'un autre vétérinaire.

Et voilà le dilemme : Ou déclarer la maladie, alors on perd un client. Ne pas la déclarer, alors le foyer contagieux est dissimulé, le contage n'est pas détruit, la maladie contagieuse exerce sournoisement ses ravages. Le vétérinaire besogneux — il en est — doit ou faire son devoir et mourir de faim, ou ne pas faire la déclaration et gagner son pain, mais aussi contribuer à ruiner son pays.

L'organisation nouvelle réclamée serait heureusement complétée par l'usage d'un carnet de déclaration employé déjà par les médecins. Ce carnet est à souche. Il a été soumis à l'adoption des vétérinaires au Grand Conseil de 1897 par M. Desnouveaux. Il est du reste en vigueur dans le département du Puy-de-Dôme. Il pourrait être libellé de la façon suivante :

N°	N°	N°
Département	Déclaration de maladie contagieuse	Déclaration de maladie contagieuse
	Département	Département
Date	Nom du propriétaire	Nom du propriétaire
	Adresse	Adresse
Nom du propriétr•	Nom de la maladie	Nom de la maladie
Adresse	Observations concernant les mesures prophylactiques à prendre	Observations concernant les mesures prophylactiques à prendre
Nom de la maladie		
	A adresser au Préfet	A adresser au Maire

Le talon resterait entre les mains du vétérinaire comme pièce justificative. L'une des déclarations serait directement adressée au Préfet. Ainsi la correspondance, sans passer par les Maires, serait directement adressée au vétérinaire délégué au fur et à mesure de son arrivée à la Préfecture, comme cela se pratique déjà dans beaucoup de départements, et ce dernier pourrait transmettre sur le champ au Préfet ses propositions. La décision prise serait transmise directement au Maire par télégramme ou message téléphonique quand la mesure serait nécessaire.

J'insisterai pour demander aussi que la franchise postale soit accordée aux vétérinaires pour correspondre avec l'autorité ou le vétérinaire départemental.

Cette franchise existe déjà pour les professeurs d'agriculture. Pourquoi le service vétérinaire sanitaire ne bénéficierait-il pas de la même faveur ?

Nous avons puisé pour établir notre rapport dans les travaux des Congrès tenus ces quinze dernières années. Nous nous sommes basé sur notre expérience personnelle et sur les observations que nous avons faites depuis déjà plusieurs années. Notre but est d'obtenir que l'Algérie devienne une colonie plus riche encore : il faut faire disparaître toutes les maladies contagieuses.

Je reproduirai le vœu émis par le Congrès de 1900 et adopté à l'unanimité.

1° Que chaque vétérinaire soit vétérinaire sanitaire dans sa clientèle — surtout dans les grandes villes où il y a plusieurs vétérinaires. Que dans les localités non desservies par un vétérinaire, le Maire soit tenu de s'adresser au vétérinaire le plus proche de sa résidence ;

2° Qu'un carnet sanitaire, analogue à celui déjà employé par les médecins, soit adopté dans tous les départements et au moins dans celui d'Alger, pour être mis gratuitement à la disposition de tous les vétérinaires ;

3° Que l'une des déclarations du carnet précité soit adressée directement au Préfet ou au vétérinaire délégué et que la franchise postale soit accordée à l'envoi de toute correspondance relative à la police sanitaire vétérinaire.

J'ai la conviction que mon mémoire sera entendu. Il contient des idées générales dont l'application pure et simple doit aboutir à une diminution considérable sinon à l'extinction rapide des maladies contagieuses, à la destruction des foyers de contamination.

Les marchés, les écuries, les vacheries sont, à l'heure actuelle, régulièrement inspectés par les vétérinaires communaux. Les Maires qui ont le souci de la santé de leurs administrés, sur les conseils du vétérinaire communal, apportent chaque jour des améliorations dans le service sanitaire communal.

Je souhaite donc, pour l'Algérie, que les travaux et les vœux émis par les Congrès tenus jusqu'aujourd'hui reçoivent une application pratique, une sanction.

Ainsi le département d'Alger aura abandonné le premier l'esprit routinier, malheureusement trop français, et montré qu'il veut marcher à pas rapides dans la voie du progrès agricole. Il aura eu, le premier, le souci d'obtenir, par une heureuse réorganisation du service vétérinaire sanitaire, l'extinction des maladies contagieuses dans son territoire.

Raymond ISMER